Georges d'Avenel

Le papier

Mécanismes de la Vie moderne

 Le code de la propriété intellectuelle du 1er juillet 1992 interdit en effet expressément la photocopie à usage collectif sans autorisation des ayants droit. Or, cette pratique s'est généralisée dans les établissements d'enseignement supérieur, provoquant une baisse brutale des achats de livres et de revues, au point que la possibilité même pour les auteurs de créer des œuvres nouvelles et de les faire éditer correctement est aujourd'hui menacée. En application de la loi du 11 mars 1957, il est interdit de reproduire intégralement ou partiellement le présent ouvrage, sur quelque support que ce soit, sans autorisation de l'Éditeur ou du Centre Français d'Exploitation du Droit de Copie , 20, rue Grands Augustins, 75006 Paris.

ISBN : 978-1979678919

10 9 8 7 6 5 4 3 2 1

Georges d'Avenel

Le papier

Mécanismes de la Vie moderne

Table de Matières

Introduction	6
Section I	6
Section II	10
Section III	14
Section IV	25
Section V	30
Section VI	33
Section VII	37

Introduction

Semblables à l'enfant qui parle avant d'écrire, les hommes primitifs inventèrent le langage avant l'écriture. Après avoir réussi à communiquer leurs idées par ces sons compliqués que nous appelons des « mots », ils conçurent l'art merveilleux de peindre ces sons eux-mêmes avec des signes. Et comme ils étaient loin d'avoir « tout ce qu'il faut pour écrire » les anciens à la mode des gamins d'aujourd'hui qui gravent avec un canif leurs impressions sur nos murs, se servirent de clous en guise de plumes et de briques en guise de papier. Il fallait, avec ce système, beaucoup de temps pour rédiger une phrase, beaucoup d'espace surtout, — la matière d'une page in-octavo couvrait environ vingt-cinq mètres de muraille, — mais les bibliothèques étaient solides ; retrouvés au bout de quatre mille ans, les ouvrages sont encore lisibles.

Ce fut la période cunéiforme ; elle dura jusqu'à la découverte, aux bords du Nil, du procédé de compression et de feutrage des pellicules d'une plante locale, le papyrus. Le papyrus subsista jusque dans les premiers siècles de notre ère, coûtant très cher, — cinq cents fois plus, a-t-on dit, que notre papier actuel — et, pour ce motif même, ayant à soutenir la concurrence des tablettes de cire et des peaux de mouton savamment préparées. Ces dernières finirent par l'emporter tout à fait. Il y avait des centaines d'années qu'on France on écrivait exclusivement sur du parchemin, lorsque vers le règne de saint Louis apparut le papier de chiffon.

Section I

Il venait de Chine, ayant marché fort lentement, avec une vitesse moyenne de cent lieues par siècle peut-être. Les peuplades de l'Asie centrale, puis les Arabes, puis les Egyptiens l'avaient de proche en proche apporté jusqu'à nous. En 650, on le voit à Samarcande ; en 800, on le rencontre à Bagdad ; en 1100, il est installé au Caire. Il longe alors le rivage africain, traverse ensuite la Méditerranée, et pendant longtemps ne dépasse pas le Languedoc. La plus vieille papeterie française, celle d'Essonnes, fondée en 1340, se trouve — être aussi la plus importante de toutes celles qui existent aujourd'hui sur notre sol.

Au cours de son voyage, le papier s'était transformé : aux écorces de mûrier, aux fibres de bambou que les Chinois employaient, les Turcs avaient substitué le linge usé et les vieux cordages. Le changement de matière première ne modifiait d'ailleurs pas beaucoup la fabrication, la méthode originale qui, dans ses grandes lignes, n'a guère varié : réduire les éléments du futur papier en pâte, en bouillie, en une purée si noyée d'eau qu'il semble, à la voir couler sous ses yeux, qu'on en boirait une tasse aussi facilement qu'une tasse de lait ; puis recueillir ce liquide sur un tamis, où les parcelles en suspension se déposent, s'agglutinent, tandis que la partie fluide s'échappe en filtrant à travers les mailles et ne laisse qu'une mince couche blanchâtre qui se solidifie, se dessèche et forme une feuille de papier, tel est le principe que l'on appliqua jusqu'au XVIIIe siècle au chiffon, et que depuis quatre-vingt-dix ans on a successivement adopté pour la paille, l'alfa et les diverses essences de bois. La consommation et la production ont, comme il arrive, grandi de concert, l'une portant, ou mieux poussant l'autre. Elles n'ont point cependant marché toujours du même pas, et, selon que la première ou la seconde s'attardait, des crises survenaient provoquées, tantôt par la cherté extrême, tantôt par l'extrême abondance du papier.

Lorsque celui-ci commença à se répandre, vers le milieu du XIVe siècle, la feuille se vendit, suivant le format, depuis 12 jusqu'à 60 centimes *de notre monnaie*, en tenant compte de la valeur relative de l'argent. Le parchemin, qui coûtait alors de 1 fr. 20 à 2 francs la feuille, qui valait même 2 fr. 40 pour les qualités supérieures provenant de veaux ou de chevreaux, — parchemins « vélins » ou « chevrotins », — semblait condamné à disparaître, puisqu'il était quatre fois au moins, et, dans certains cas, *dix fois plus cher* que le nouveau papier. Il n'en fut rien, les deux marchandises vécurent côte à côte ; quoique le papier ait singulièrement diminué de prix aux époques suivantes, jusqu'à ne plus valoir, dès le XVe siècle, que 30 francs au maximum, et le plus souvent 8 et 9 francs les cent feuilles, la valeur du parchemin ne baissa pas, sans doute parce que sa fabrication s'était restreinte d'elle-même, en proportion du petit nombre d'emplois où il demeurait sans rival.

Pour les manuscrits de luxe, pour les copies enluminées et historiées, les frais de main-d'œuvre dépassaient de beaucoup ceux de la matière ; l'achat du parchemin était peu important. Un Évangile établi en 1419, à Paris, pour l'hôpital Saint-Jacques, revient à 1 600 francs de nos jours, dont 100 francs seulement pour le parchemin, 220 francs pour la copie, 56 francs pour la couverture en drap et 1 224 francs pour la dorure. La reine d'Espagne se commande en 1 532 un psautier de 440 francs ; le parchemin n'entre dans le total que pour 80 francs, tandis que la peinture seule des lettres majuscules y figure pour 160 francs, et les autres peintures pour 120 francs. Pour les livres courants au contraire, registres de compte, ouvrages d'éducation, pour la correspondance, le papier devint presque seul en usage. Il servait aussi pour les fenêtres : un morceau de grand format, remplissant l'office de vitre, revenait au double des carreaux actuels en verre de même dimension. Lorsque les progrès de l'industrie eurent vulgarisé et embourgeoisé le verre, longtemps réservé aux vitraux des églises et des façades de palais, le papier, évincé peu à peu de ce terrain, voyait son propre domaine démesurément accru par l'invention de l'imprimerie. Un volume de 400 pages in-quarto représentait, au temps de Gutenberg, un débours de 150 francs en parchemin et de 10 francs seulement en papier.

Le papier, qui fournissait à la même époque la matière des cartes à jouer, de création récente, sert déjà aux emballages. A mesure que l'instruction élémentaire se répand, sa consommation se développe : l'affiche remplace le crieur aux carrefours ; les courriers et messagers partant à date fixe invitent à écrire et à recevoir des lettres. Le papier demeurait précieux pourtant, et noble : Rabelais, dans le chapitre connu où gravement il recherche qui remplira le mieux, au « privé », certaine fonction des « serviettes indispensables », ne s'avise pas qu'il suffirait, sans se creuser autant la cervelle, d'avoir « du papier dans sa poche. » Au XVIIe siècle naissent les gazettes ; au xvin6, les papiers de tenture pour appartements.

A tous ces rôles que lui faisaient jouer nos pères et qu'il joue encore, mais sur quel théâtre différent ! — au lieu d'une douzaine de journaux tirant chacun quelques centaines d'exemplaires, nous en avons des milliers dont un seul imprime un million de numéros par jour, — à tous ces rôles dont le papier était chargé, nos contemporains en ont ajouté beaucoup d'autres : il doit fournir aux fumeurs l'enveloppe de leurs cigarettes, aux gouvernements leurs billets de banque, aux commerçants leurs prospectus, aux fleuristes les pétales de leurs roses artificielles. Que d'espèces et de familles depuis les « minces » : papier photographique, papier dentelle, papier de soie, papier doré, buvard, à calquer, à filtrer, à copier, jusqu'aux « épais » : papier-goudron, papier-carte, papier à dessin, papier linge, dont on fait en certains pays, outre les cols et les manchettes que nous connaissons, des nappes et des serviettes, des chemises aussi, des jupons de femme, des caleçons et des chaussettes, — l'infanterie japonaise en est généralement pourvue. Le papier se métamorphose encore, par la compression, en semelles de chaussures, que les fabricants garantissent imperméables, on tonneaux, tuyaux, roues, vases de toutes sortes, en simili-stuc pour l'ornementation des édifices, en couvertures, plus légères et plus résistantes, dit-on, que l'ardoise. Avec lui on construit des cheminées d'usine, voire des maisons entières... incombustibles, et des canots de six mètres de longueur, ni plus ni moins sujets à chavirer que les embarcations ordinaires.

Ce papier, que l'on appelait avec un mépris décidément injuste du « papier mâché », tandis qu'il peut apprendre ainsi à braver et l'eau et le feu, se transforme indifféremment, sous l'aspect rudimentaire de cellulose de bois, en charpie pour panser ou en coton-poudre pour détruire. Bref, l'homme de ce temps, susceptible d'être vêtu et logé dans du papier, possédant une fortune en papier dans ses tiroirs et de la monnaie de papier dans sa bourse, ne sachant plus à quoi employer son papier, en introduit l'usage jusqu'en ses plaisirs : confetti, serpentins, sont l'âme de notre carnaval régénéré. Pour manifester leur joie, les Parisiens d'aujourd'hui se lancent à la tête les uns des autres, en un seul jour, 50 000 kilos de ces poignées de paillettes multicolores. Ce jeu suffit à établir quelque cordialité d'une heure entre inconnus adultes, passagèrement ramenés à l'enfance. De Paris, serpentins, confetti, ont gagné les villes de province, et dans le fond des campagnes, aux foires, aux « assemblées » rurales, paysans et paysannes sèment consciencieusement à leur tour quelques livres de ces miettes de papier exhilarant. Pour répondre à ce besoin nouveau, des machines spéciales dépècent sans relâche, les feuilles qui vont se faire cribler par des emporte-pièce perfectionnés.

Section I

Section II

Les nouvelles sources de papier que nos contemporains ont découvertes, pour abreuver ce siècle altéré de livres, de lettres, d'images et de journaux, rendent aujourd'hui de bien maigre importance la seule matière première d'autrefois, le chiffon, qui ne correspond plus qu'au dixième du total des papiers actuels. Par une contradiction piquante, le chiffon, ce déchet, ce rebut, est ici devenu synonyme de luxe. Il n'engendre le plus souvent que des sortes cossues et distinguées. La cherté ancienne du linge, son usage restreint, avaient pour conséquence jadis la pénurie relative de chiffons. L'Europe d'autrefois craignait toujours d'en manquer ; jusqu'à 1860 chaque pays, pour conserver les siens, les frappait d'un *droit de sortie* à la frontière. Aux derniers siècles, l'exportation des vieux « drapeaux », — tissus de lin et de chanvre, — fut souvent prohibée, par lettres patentes, à la demande des papetiers.

De la fin du règne de Henri IV, où le quintal se vendait 25 francs de notre monnaie, jusqu'au milieu de celui de Louis XVI, où il en valait 28, son prix avait peu varié ; les besoins étaient demeurés sans doute en rapport avec les offres. Il n'en fut pas de même depuis quatre-vingt-dix ans. A dater du premier Empire le chiffon ne cessa d'augmenter jusqu'à la fin de la Restauration, où il s'éleva un moment à 72 francs les 100 kilos. Il redescendit sous Louis-Philippe à près de moitié, pour remonter ensuite à 56 francs. L'industrie papetière, ainsi ballottée et secouée par ces brusques alternatives, dont chacune coïncidait avec une nouvelle découverte qu'elle enfantait dans la douleur, déclarait à chaque crise nouvelle, — comme elle fait d'ailleurs à l'heure où j'écris ces lignes, — que son dernier jour était venu. Puis elle repartait de plus belle, transformée, rajeunie.

Le papetier, en fait de chiffons, est tributaire du filateur. Le premier doit s'accommoder de ce que le second lui envoie par l'intermédiaire du public, jetant à la voirie ces débris sans nom, ces cadavres de chemises, de blouses, de serviettes, qui vont ressusciter dans une incarnation nouvelle. Depuis un demi-siècle, certaines espèces, telles que les toiles de chanvre tissées à la main, ont disparu ; d'autres, comme les cordages, se sont modifiées par l'incorporation de nouvelles substances dans leur texture. Les fabricants de papier se sont pliés à cette évolution par des traitements appropriés. Ainsi des chiffons communs, qui ne servaient il y a une quinzaine d'années qu'au carton et au papier d'emballage, ont trouvé leur utilisation dans les sortes blanches, grâce à des moyens de lessivage perfectionnés. La gamme des chiffons est en effet extrêmement étendue ; il suffit, pour ne rien perdre, de savoir en jouer. Les manuels ou guides du papetier établissent jusqu'à 70 catégories à séparer dextrement avant leur emploi.

Aux yeux du spécialiste qui connaît les fins dernières des nippes humaines, nous représentons tous une certaine espèce de chiffons qu'il classe dans sa pensée, dont il fixe d'avance la destination exacte et le prix. Le plastron qui bombe, éblouissant, sur la poitrine de ce gentleman, figurera bientôt dans les « gros-bons pur fil », très convenables pour les titres de rente. Les dessous de ces dames, assises ici en robe de bal, fourniront les « superflus choisis », excellents pour le papier à cigarette. De ce mendiant agenouillé à la porte de l'église viendront les « vieux droguets et noirs », et de cette jeune fille qui lui fait l'aumône les « mousselines neuves imprimées ». A cette ouvrière, en train de se dégrafer dans sa mansarde, on demandera les « rognures de corset », très recherchées pour le papier à lettre de grande marque, parce qu'elles n'ont pas été brûlées par les acides des blanchisseuses. De ce couple modeste qui passe au bord de la plage, tendrement enlacé, on peut attendre les « indiennes tout venant » et les « bleus mêlés toile et coton », et de ce groupe de matelots qui regagnent leur navire en titubant, les « bulles gris non blanchis ! »

Même après leur mort comme vêtements ou comme étoffes, ces tissus, entrés dans le royaume des chiffons, conservent entre eux une hiérarchie sévère. Confondus un instant peut-être parmi les ordures ménagères, ils ne tardent pas à reprendre leurs distances sous le crochet du « biffin », puis dans les ateliers de triage du marchand. Un certain nombre de ces détritus ne subissent pas l'ignominie du trottoir : les morceaux expulsés après un long service des hôpitaux ou des administrations, les parcelles neuves tombées sous le ciseau des lingères, vont directement aux magasins de gros, d'où ils sont dirigés sur les papeteries de luxe. Quelques ordures privilégiées sont aussi vendues par les domestiques, les garçons de magasin, à une catégorie supérieure de chiffonniers, les « chineurs », très enviés de leurs confrères auxquels ils enlèvent le dessus du panier. La majorité des déchets ne parviennent aux fabriques qu'après avoir séjourné plus ou moins avec les os de poulet et les tranches de melon, dans les boîtes réglementaires auxquelles le préfet de la Seine, M. Poubelle, a, sans le vouloir, donné son nom.

Trois ordres de ramasseurs se disputent le contenu de ces boîtes : le *placier*, qui jouit, par une entente avec les concierges, de leur primeur, les vide sur une toile lui appartenant, en tire les matières utilisables, puis reverse les dédaignées dans le récipient qu'il dépose sur la voie publique. Le *coureur*, moins favorisé, les fouille à son tour avant le passage du tombereau municipal. Enfin le *vingt-et-un sous*, garçon juché sur la voiture, trouve encore à faire d'un œil perspicace un tri hâtif ; tout en vidant les boites, il met à part les rebuts qui l'ont, séduit. Tous ces débris se retrouvent chez le maître chiffonnier, auquel ils sont vendus au poids, en *salades*, après un classement toujours sommaire et parfois un peu frauduleux. Ce premier intermédiaire les soumet à un nouveau crible, puis les adresse aux négociants de gros qui centralisent seulement quelques spécialités ; ici la marchandise vérifiée, nettoyée, manutentionnée à la vapeur, est l'objet de soins délicats dans des ateliers éclairés à la lumière électrique.

Expédiés en balles aux diverses usines, selon les genres de papier qu'ils doivent servir à confectionner, les chiffons sont, à leur arrivée, distribués à des femmes qui procèdent à une classification définitive suivant la nature ; — lin, coton, chanvre ou jute ; — suivant la couleur, — le coton rouge, par exemple, engendrera le buvard rose, — et suivant le degré de propreté. Debout devant un établi sur lequel est fixée une laine de faux, les ouvrières, la tête couverte d'une *marmotte*, coupent en morceaux réguliers de la grandeur de la main ces lambeaux de draps, ces ex-mouchoirs, ces restants de blouses, en arrachent les boucles ou boulons de métal, les portions de laine ou de cuir, et jettent leur ouvrage dans des paniers dont le contenu vaudra de 60 francs à 2 francs, mais vaudra toujours quelque chose. Les œillets et les baleines, les lacets et les agrafes, se revendent ceux-ci un franc ou cinquante centimes, ceux-là trois centimes le kilo. Ce travail préliminaire est ce qu'on appelle le *délissage*. Pour purifier l'atmosphère créée par ces chiffons secoués, on emploie un ventilateur puissant qui amène au plafond une grande quantité d'air, lequel ne trouvant d'issue qu'au ras du sol, sous les établis, sort en entraînant au dehors toutes les poussières en suspension qu'il chasse dans des cheminées verticales. L'été on insuffle de l'air froid, l'hiver il est chauffé au moyen d'un condenseur.

Après le *délissage* le chiffon passe au *blutage*, dans un tambour de toile métallique, armé de bras et de pointes de fer, qui le déchiquette plus finement ; puis au *lessiveur*, sorte de marmite ronde, hermétiquement close, où il macère dans un bain de soude et de chaux, bercé par un mouvement de rotation lente, échauffé par une projection continue de vapeur. Après une journée de ce traitement il est « cuit », débarrassé de tout élément graisseux et colorant, assez attendri pour être facilement transformé en pâte. Ce qui se fait ainsi en quelques heures demandait jadis des mois ; le chiffon humide devait attendre, dans une cave ou « pourrissoir », que la fermentation naturelle eût déglutiné ses tissus ; on le réduisait alors en bouillie dans de grands mortiers, à l'aide de maillets ou *pilons*, et cette bouillie était exposée au soleil pour être blanchie par l'oxygénation atmosphérique, opération aussi lente qu'incertaine dans nos climats. De ces procédés archaïques il ne subsiste qu'un souvenir, un nom, celui de « piles », que portent les bacs ou baignoires de forme oblongue, dans lesquelles tourne le cylindre effilocheur qui a remplacé les anciens pilons. Celui-ci, par sa giration rapide, opère le *défilage* de cette matière diluée, qui cesse déjà d'être linge, qui semble loin encore d'être papier, et que M. Vachon, dans un ouvrage pittoresque, appelle un « pantagruélique sorbet granité ». La pâte, propre désormais, demeure assez terne, surtout si elle ne provient pas de chiffons blancs de première qualité. Envoyée dans d'autres bacs ou « piles blanchisseuses », qui remplissent le rôle réservé naguère au soleil, elle y sera lavée par une dissolution de chlore et d'acide sulfurique, et en sortira sous l'aspect d'un ruisseau de neige à demi fondue pour aller se reposer dans les caisses d'égouttage.

Le chiffon fut, jusqu'à notre siècle, la seule substance qui entra dans la composition du papier. Une vingtaine de produits chimiques y participent aujourd'hui et leur emploi constitue des secrets… d'ailleurs percés à jour. Vers 1819, époque où l'industrie papetière était florissante et où la consommation s'était sensiblement accrue, la hausse des chiffons amena les fabricants à introduire les matières minérales dans leurs pâtes. Le désir du bon marché, combiné avec le besoin de bénéfices, entraîna un certain nombre d'usines à l'abus. L'excès de ces additions étrangères, que l'on nomme la *charge*, rendit les papiers défectueux. Avant même que le savant chimiste, J. B. Dumas, l'eût officiellement critiquée comme rapporteur de l'exposition de 1834, les inconvénients de cette pratique s'étaient fait sentir par le préjudice causé à notre exportation. Cette *charge* est le plus souvent du kaolin, de la pâte à porcelaine extrêmement divisée. Employée avec sagacité, elle permet de réduire le prix de revient, parce qu'elle coûte en moyenne quatre ou cinq fois moins que le chiffon ; les Belges avaient notamment un art tout particulier pour la faire passer dans le papier sans nuire à son aspect. Elle tend maintenant à disparaître, remplacée par la « pâte de bois mécanique » dont l'usage, sans être plus onéreux, procure des résultats meilleurs.

Section III

La recherche de matières capables de remplacer le chiffon — en langage technique de « succédanés », — ne lut couronnée de succès qu'en 1851 lors de la découverte de la pâte de paille. Il avait été imprimé, d'abord en Allemagne (1765), puis en France (1787) deux livres sur des papiers de jonc, d'écorce d'arbre, de houblon, de mousse. L'ortie et la feuille de chou entrèrent dans ces spécimens, qui constituèrent seulement des essais curieux sans application possible. En 1834 un industriel exposait un papier fait avec l'algue marine des Martigues ; on tenta vers 1849 d'utiliser le bananier et le palmier nain d'Algérie. Les Didot se servent à la même époque, dans le Vaucluse, de bois de saule haché.

Depuis 1801 on employait la paille, mais sans pouvoir détruire son principe colorant. Elle restait confinée dans les sortes grossières, vouée aux sacs et à remballage, comme elle l'est encore dans les usines du Limousin et de l'Isère, qui fournissent chaque année au reste de la France de quoi envelopper ses paquets, — environ 65 millions de kilos de papier. — Mais ce chiffre imposant, qui forme *en quantité* près du cinquième de notre fabrication nationale, ne représente qu'une valeur minime ; si minime, paraît-il, que, malgré le bon marché de la paille dans ces régions, les papetiers y travaillent souvent à perte. Ils ont été obligés l'an dernier de se mettre en grève, d'arrêter de concert pendant un mois la marche de leurs machines, pour faire remonter leurs produits à un taux plus rémunérateur. La paille fut tirée de l'humble fonction qui jusquelà avait été la sienne, lorsque l'on apprit il y a quarante ans à la blanchir. Elle devint ainsi, au commencement du second Empire, sous forme de papier à journal, associée au mouvement d'esprit contemporain. Seigle, blé ou avoine sont également propres à être transmués en pâte chimique ; on les marie souvent sous la meule et dans les lessiveurs où la paille, déjà peignée puis hachée, est soumise à l'action de la soude en ébullition. Elle demeure très brune encore, et reste colorée même après d'énergiques lavages. Pour arriver au blanc, elle doit subir un traitement par le chlore, analogue à celui du chiffon, mais à une dose dix fois plus forte.

Presque au moment même où le chaume, expulsé de la literie par l'apparition des sommiers élastiques, inquiété sur les toits ruraux par les progrès de la tuile et de l'ardoise, se réfugiait ainsi dans le papier du continent, les Anglais et les Américains commencèrent à employer des pâtes tirées de l'*alfa*. On éprouva d'abord de grandes difficultés à lessiver ce sparte, recouvert d'une couche siliceuse très dure et contenant quantité de gomme et de résine qu'il était essentiel d'éliminer. Il fallut, pour en tirer parti, que l'industrie des produits chimiques parvînt, avec des perfectionnements graduels, à livrer aux papeteries une soude spéciale, très puissante, et que les mécaniciens eussent inventé des appareils nouveaux où cette matière volumineuse pût être aisément travaillée. Les plantes connues sous le nom d'alfa croissent en Espagne et en Algérie, du moins les plus estimées, celles qui servent au papier d'écriture, aux livres de luxe. On exporte de Tripoli des qualités plus ordinaires, destinées à l'impression des journaux. L'alfa a l'aspect du genêt à balais, mais il en diffère complètement par ses qualités fibreuses ; aussitôt récolté il est mis en balles comprimées à la presse hydraulique et liées au moyen de tresses du même végétal. Il n'y a de la sorte ni tare, ni déchet. A l'usine ses tiges sont soigneusement purgées des herbes étrangères qui s'y trouvent et formeraient, sur le papier fini, des filaments colorés. Sa cuisson, dans les lessiveurs bourrés de 3 000 à 4 000 kilos, ressemble à celle d'un chou ; le sparte, dans son jus de soude, jaunit comme ce légume et en sort clair et brillant.

Le papier d'alfa est d'une nuance plus belle que les papiers de bois, moins dur au toucher et sous la plume ; il porte bien cette « charge » dont je parlais tout à l'heure, volontiers il absorbe de fortes proportions de fécule et de kaolin. Par-dessus tout il est « amoureux », — c'est le mot technique, — amoureux de l'encre, avantage très recherché pour les papiers d'impression. On a récemment inventé en Allemagne du papier que rien ne distingue en apparence de ses similaires, et qui offre cette particularité d'être impénétrable à l'encre par suite d'immersions successives dans des solutions d'ammoniaque et d'acide sulfurique. Le simple frottement d'une éponge mouillée suffit à effacer tout ce que l'on écrit sur les feuilles ainsi préparées. La demande de brevet a d'ailleurs été repoussée par le gouvernement allemand, pour ce motif qu'une découverte de ce genre se prêterait aisément à des usages malhonnêtes.

Si l'alfa, dont le mérite est au contraire de contracter avec « la Petite Vertu » un mariage indissoluble, n'a guère pénétré en France, tandis qu'il est universellement répandu en Angleterre, c'est d'abord que nos voisins d'outre-Manche payaient la paille trois fois plus cher que nous : 100 francs les 1 000 kilos au lieu de 30, et que le transport du sparte d'Oran dans les ports de la Grande-Bretagne, constitue pour les navires un fret excellent, tandis que l'importation des pailles serait impraticable. C'est ensuite que les Anglais sont beaucoup mieux placés que nous pour transformer l'alfa, en raison du bon marché auquel ils se procurent la soude, la houille et le chlorure de chaux. Il arrive ainsi que les sujets de la reine Victoria écrivent et impriment sur du papier poussé en Algérie, dans une terre française, tandis que nos compatriotes vont chercher dans la Suède et le Tyrol les sapins indispensables à leurs correspondances et à leurs journaux. La paille de la Brie et de l'Auvergne tend à son tour, en effet, à être abandonnée par nos usines. Non qu'elle soit trop coûteuse en elle-même ; seulement sa métamorphose, avec l'abaissement constant des prix du papier, exige trop de frais. Les industriels s'ingénient pourtant à réaliser toutes les économies possibles : les lessives de soude, qu'il y a trente ans l'on jetait à la rivière, étaient une grosse dépense pour le fabricant : 100 kilos de paille ne valaient pas plus de 3 francs, mais pour les faire « cuire », pour en tirer 40 kilos de pâte, il fallait une quinzaine de kilos de soude qui revenaient à 3 fr. 60. Le quintal de papier absorbait ainsi pour 9 francs de ce seul alcali caustique. Grâce à une série d'appareils, on est parvenu à récupérer les neuf dixièmes de ce produit, en faisant évaporer dans des fours les lessives épuisées et les eaux qui servent aux premiers lavages.

Ce qui a été fait pour la soude n'a pu l'être pour le chlore. Cet agent indispensable du blanchiment a le défaut d' « énerver » la pâte. Il ne donne la beauté qu'au détriment de la solidité ; on en use donc à dose variée suivant qu'il s'agit de fabriquer un papier plus fort ou plus blanc. En général 20 kilos de chlore suffisent pour 100 kilos de pâte ; mais ils correspondent à un débours de 4 à 8 francs, selon les mouvements de hausse factice dont cette marchandise est parfois l'objet en spéculation. Ces frais accessoires contribuent au discrédit relatif où tombe de jour en jour la pâte de paille. On l'introduit encore dans les papiers qui demandent du claquant, du « carteux » ; mais la « pâte de bois au bisulfite » qui la remplace, fournit une fibre meilleure et se combine mieux avec la pâte de bois mécanique, indispensable aux sortes bon marché.

Sans cesse éveillée en effet, l'industrie n'avait cessé de scruter anxieusement autour d'elle ce qui pourrait bien être transformé en papier. Un novateur avait même préconisé pour cette destination le crottin de cheval. Cet audacieux, nommé Jobard, n'était pas un homme vulgaire ; il est mort directeur du Conservatoire des Arts et Métiers de Bruxelles. Il estimait que la paille et le foin avaient déjà subi une première trituration sous la dent et dans l'estomac des chevaux. « Le crottin, disait-il, est en grande abondance ; on peut obtenir de chaque cheval un kilogramme de papier par vingt-quatre heures ; une seule caserne de cavalerie suffirait à la consommation du ministère de la guerre. Il est étonnant que l'on n'ait pas songé plus tôt à cette matière première ; en effet ce sont les choses qui vous crèvent les yeux que l'on aperçoit le plus difficilement. » Je ne pense pas que personne ait jamais exploité l'idée de M. Jobard, mais en 1864 une usine située aux portes de Paris et disposant de deux machines, fabriquait du carton et du papier avec le fumier des écuries impériales. Il est vrai que la litière des chevaux de Napoléon III était changée assez souvent pour que le papetier qui la travaillait en pût tirer des marchandises estimables ; je me suis laissé dire que certains « bulles », en paille demi-blanchie, qui sortaient de ces ateliers, étaient appréciés pour envelopper la pâtisserie. La lessive et le chlore purifient tout.

Le fumier de cheval n'est pas le seul qui ait tenté les esprits originaux : une gazette étrangère mentionnait récemment un projet de papier dont l'élément principal serait le fumier d'éléphant, lequel se compose uniquement, quand il a été lavé par la pluie, de courtes fibres mal digérées d'un bambou croissant dans le terreau des forêts vierges. L'éléphant serait ainsi producteur, lessiveur et broyeur de pâte. Il constituerait un appareil automatique, se vidant et se remplissant tout seul, mobile et susceptible de s'installer partout, solide, car l'animal vit très vieux, pas cher parce qu'il se vend presque pour rien avant d'avoir été dressé.

En laissant de côté les imaginations plus ou moins hétéroclites, on doit signaler comme une nouvelle conquête les vieux imprimés qui, refondus, fournissent du papier blanc. L'idée était déjà développée il y a cent ans, dans le *Journal des arts et manufactures*, mais sa réalisation est récente. Le procédé fut découvert par hasard. Un Américain qui, depuis longtemps, transformait les imprimés en carte à chandelle, expédiée dans tous les Etats-Unis, vit son commerce supprimé vers 1848, par suite de l'usage du pétrole qui fit abandonner les chandelles pour les lampes. Ce fabricant, M. Henry Rogers, étant un jour occupé à rogner les marges blanches de livres mis au rebut, se trouva glisser sur les feuilles gisant à terre. Son pied, dans ce mouvement, effaça l'encre d'imprimerie comme on efface un trait de crayon avec de la gomme élastique. « Je songeai aussitôt, conte l'industriel, que, si je pouvais trouver ce qui avait produit cette place blanche, j'économiserais tout le travail de triage. » Il apprit, après force démarches, de l'imprimeur qu'il mit deux ans à trouver, en 1850, que des taches semblables, simplement causées par de la potasse, gâtaient souvent les livres. « Rentré chez moi, continue-t-il, je me mis immédiatement à traiter mes papiers de couleur par la potasse, puis, la trouvant trop onéreuse, par le carbonate de soude et la chaux. J'eus l'idée de faire breveter mon procédé, mais l'agent que j'allai voir à cet effet m'engagea à mettre mon secret en pratique à huis clos, sans prendre un brevet qui ne rapporterait pas ce qu'il faudrait dépenser pour le défendre contre les contrefaçons. Lorsque l'on sut que j'avais trouvé un moyen d'enlever l'encre du papier, plusieurs de mes confrères me proposèrent d'acheter mon système. » Pour tromper leurs investigations et se prémunir contre les indiscrétions de son personnel, M. Rogers usa d'une véritable stratégie. Les ouvriers mis dans la confidence travaillaient enfermés dans un coin écarté de la papeterie ; il avait recours pour les dérouter eux-mêmes à des « trucs » subtils, comme de mélanger au chlorure de chaux du bleu dont les blanchisseuses se servent pour azurer leur linge ; ce qui ne faisait ni bien ni mal et corsait le mystère de la préparation. La vérité ne transpira qu'au bout de sept ans. Perfectionnée aujourd'hui cette méthode est usitée dans le monde entier, mais seulement pour les espèces très ordinaires ; car le vieux papier, fût-il de première qualité, est loin, après avoir été ainsi trituré deux fois, de valoir du chiffon médiocre.

Une invention nouvelle, celle des pâtes de bois, allait d'ailleurs révolutionner l'industrie des papiers courants. Dès leur apparition, vers 1867, nos fabricants français se montrèrent incrédules et hostiles à leur emploi, soit par désir de ne rien changer à leurs habitudes, soit pour ne pas effaroucher la clientèle, d'abord réfractaire, soit enfin à cause des dépenses qu'allait entraîner le traitement de ces matières premières, pour lesquelles il fallait créer un outillage et risquer de gros capitaux.

Cet esprit de routine ou, si l'on veut, d'hésitation prudente, fut fatal à beaucoup d'usines. Elles virent décroître leurs affaires au profit de confrères plus hardis ou plus fortunés qui montèrent résolument les systèmes nouveaux, au profit de l'étranger aussi qui se les était plus rapidement assimilés. L'on vit en France à cette époque, à Paris surtout, une invasion de papiers allemands, autrichiens, belges ou anglais, qui, non contents de nous enlever les marchés voisins, arrivèrent chez nous en avalanche. « Cette poussée, dit M. Failliot, le très distingué président de la Chambre syndicale des papiers en gros, fut heureusement salutaire à notre industrie. » Elle se renouvela sous le feu de la concurrence et reprit le terrain qu'une heure de méfiance lui avait fait perdre.

La pâte de bois porte, suivant son mode de confection, les noms de *mécanique* ou de *chimique* : la première n'est autre chose que du bois moulu, réduit en poudre. Les bûches de 30 centimètres de long, solidement fixées dans des boîtes de fonte, adhèrent par un bout à une meule de grès très dur, qui tourne avec une extrême rapidité. A mesure que la bûche s'effrite, s'émiette et se consume, un ressort la pousse et la tient clouée à la meule, tandis que la poussière ligneuse est entraînée par un écoulement d'eau incessant. Peu à peu les bûches, rongées, disparaissent ; le bois râpé et humide s'épure dans un tamis d'où il est amené entre d'autres meules horizontales, chargées de le raffiner comme une véritable farine. C'est un travail très simple, exigeant peu de place et de main-d'œuvre, mais beaucoup de force.

Cette pâte *mécanique* ne peut toutefois être employée seule ; elle ne donnerait qu'un papier sans consistance et sans « soutien ». Alliée au contraire à la pâte *chimique*, dont la théorie venait d'être créée par la science, elle s'est imposée partout. Le bois se compose de cellules allongées, souples et fibreuses, et de matières variées, dites *incrustantes*. Les premières résistent à l'action des acides ; les secondes se transforment, au contact de ces réactifs, en produits solubles. Les applications industrielles de cette idée ont donc pour objet de désorganiser le bois, tout en conservant intact le tissu primitif ou *cellulose*. Ainsi, arrachés à leurs solitudes brumeuses et glacées, les épicéas Scandinaves qui vont bientôt se couvrir de nos polémiques parlementaires, sur lesquels nos enfants épelleront l'alphabet et que l'on feuillettera le soir en volumes, au coin du feu, uniront la souplesse obligatoire de leur forme nouvelle à la dureté de leur essence originaire. Le prodige s'accomplira sans effort, moyennant un bain de bisulfite de chaux ou de magnésie, administré à des températures variables.

En France, c'est à la papeterie d'Essonnes que la première tonne de « pâte au bisulfite » a été fabriquée. Les propriétaires, MM. Darblay, avaient appris d'un Suisse le procédé suivi en Allemagne : il y était soigneusement tenu secret, l'invention paraissant sauvegardée en outre par un prétendu brevet, annulé depuis à la suite d'un procès célèbre, dont le poursuivant n'était autre que le prince de Bismarck. Presque toutes les espèces de bois peuvent servir à la fabrication du papier, mais leur rendement est très différent : 100 kilos de noyer ou de chêne ne fourniront que 26 ou 29 kilos de pâte ; on en tirera 38 d'un quintal de saule ou de marronnier. Les qualités ou les défauts de ces pâtes sont aussi très divers : le tremble, par exemple, a le mérite de fournir un papier très blanc, ayant « de la main » ou du « bouffant », mais peu solide. Il se mélange à la dose de 5 pour 100 contre 95 pour 100 de sapin. Ce dernier bois, le plus employé, a d'abord été importé de la Forêt-Noire ; il voyageait en longs poteaux de 18 à 26 mètres, portés par deux wagons couplés. Il vient maintenant surtout de Norvège et de Finlande, en débris de madriers ou de planches, ou en rondins dont la longueur n'excède pas lm, 10, condition indispensable pour éviter le paiement des droits de douane, dont le nouveau tarif protectionniste frappe les bois de charpente ou de menuiserie.

Au lieu de recevoir le sapin brut, beaucoup d'usines françaises achètent leur pâte mécanique en Norvège, tantôt humide et contenant environ moitié d'eau, tantôt sèche et coûtant, en ce dernier cas, 85 francs la tonne. A ce chiffre il faut ajouter un droit d'entrée de 10 francs et une somme égale pour les frais du transport, qui s'effectue jusqu'à Rouen en bateaux de 1 500 à 2 000 tonnes. On remarque un écart très sensible entre cette valeur de 105 francs pour les 1 000 kilos de pâte et le prix de 50 francs que valent, dans ce même port de Rouen, 1660 kilos de bûches entrées en franchise, dont on retirera aussi 1 000 kilos de pâte. Rien que cet écart soit en grande partie absorbé par les frais de fabrication, par l'achat du charbon surtout, de grandes papeteries qui consomment annuellement, comme celle d'Essonnes, 30 000 tonnes de ce produit ont pu réaliser des économies en transformant elles-mêmes la matière première. A bien pénétrer la crise que traverse actuellement la papeterie, on discerne bon nombre de plaintes peu fondées : celles des usines qui ont peine à suivre, avec un outillage imparfait, l'évolution très rapide de leur industrie.

Avant de dégraisser, de décharner ce bois dont le squelette, amolli mais non brisé, va devenir la « pâte chimique », on commence par lui arracher la peau. Des femmes, à Essonnes, s'acquittent de cette tâche. Malgré son costume sommaire, composé d'un jupon court et d'une chemise plus ou moins lâche, la « décorceuse » en action n'est pas de celles dont les charmes inspirent à l'autre sexe

Section III

des pensées troublantes. On serait plutôt tenté de plaindre cette longue rangée de créatures qui pèlent en hâlant des pyramides de bûches incessamment renouvelées, si l'on ne savait que cet ouvrage a été précisément sollicité par celles qui l'exécutent, comme les détournant moins que tout autre du soin de leur ménage. Une femme, qui apportait à l'usine le déjeuner de son mari, essaya un jour ses forces, en manière de jeu, et demanda ensuite à continuer pour tout de bon. D'autres sont venues peu à peu grossir cet atelier qu'avait créé le hasard ; elles gagnent jusqu'à 3 francs, avec un travail effectif de 6 heures et demie.

Écorcée, la bûche est mise en contact d'abord avec une scie mécanique qui avance, puis recule, — le bois est coupé, — ensuite avec un coin d'acier qui s'abaisse, entre au cœur du rondin comme en une motte de beurre, puis remonte, — les pièces de sapin sont fendues aussi net qu'une allumette par un canif. — On les jette dans la trémie d'une *hacheuse*, analogue à un vaste concasseur de pommes ou de raisins : les bûches sont avalées en un clin d'œil par les couteaux d'acier ; elles volent en copeaux qui jaillissent tout autour. Dix minutes suffisent pour engloutir un stère. Il s'agit maintenant d'inspecter ces copeaux, étalés sur de larges tables, pour en retirer les parcelles de nœuds qui pourraient s'y trouver encore. Des femmes procèdent à ce triage minutieux, après lequel le bois est enlevé dans des wagonnets à l'étage supérieur.

Pendant ce temps on a préparé le bain de bisulfite qui doit être fabriqué sur place. Il n'existe pas d'autre mode de production en grand de l'acide sulfureux que la combustion, avec un peu d'air, du soufre, soit pur à l'état natif, tel qu'on le tire de la Sicile, soit combiné avec des métaux à l'état de *pyrites*. Ce dernier revient beaucoup moins cher que l'autre, dont le prix est de 7 à 8 francs le quintal ; l'économie est appréciable à Essonnes, où 100 000 kilos de soufre sont absorbés chaque mois par 600 000 kilos de pâte chimique. La combustion s'opère dans des fours en briques ; l'acide sulfureux monte, à l'état de gaz, jusqu'au haut d'une tour carrée, divisée par des cloisons intérieures en autant de cheminées. Celles-ci sont garnies de grilles étagées les unes au-dessus des autres et chargées de pierre à chaux. Du sommet de la tour descend goutte à goutte un mince filet d'eau : c'est lui qui doit marier le gaz qui circule avec la pierre inerte qui l'attend. De leur union naît le bisulfite de chaux, liquide incolore, nauséabond, dont l'action dissolvante est telle qu'il détruit en un instant le zinc, le fer ou l'acier. Le cuivre, le bronze, certains ciments ou briques lui résistent un peu mieux, mais se corrodent ou se délitent après un temps plus ou moins court. Le plomb, pourtant si malléable, est le seul des métaux usuels dont il ne puisse avoir raison, le seul qui l'approche impunément.

La lessive du bois, avec ce produit d'un maniement si difficile, se fait dans des chaudières grandes comme des maisons, — elles ont 12 mètres de long sur 4 de haut, — où les copeaux entassés représentent jusqu'à 50 stères. La carapace de tôle, épaisse de plusieurs centimètres, est doublée de couches successives de ciment très dur, de briques vernissées à grand feu et de feuilles de plomb. Une tuyauterie, également en plomb, amène le bisulfite que la vapeur va porter à la température de 130 degrés. Comme cette vapeur ne doit pas être en communication directe avec le bois coupé, qu'elle noircirait, elle est distribuée dans le lessiveur par un long réseau de serpentins. Ainsi s'opère la cuisson du bois ; les gommes naturelles qui soudent entre elles les tibrilles se dissolvent, et la cellulose isolée reste à l'état pratiquement pur.

Le gaz sulfureux, qui, sous l'influence de la chaleur, s'est en partie séparé de la chaux, est alors renvoyé dans sa tour, et dans le lessiveur à moitié refroidi, des hommes munis de lances en caoutchouc lavent la pâte à grande eau, pour la débarrasser des dernières traces d'acide, des résines et d'un sel de chaux insoluble qui s'est formé pendant l'opération. Diluée par cette masse d'eau, la pâte s'écoule lentement dans de vastes citernes, où tournent des croisillons à hélice, les *agitateurs*, chargés de réduire en bouillie les gros copeaux qui conservaient l'apparence du bois. Après avoir passé par les *épurateurs* dont les uns, dits *sabliers*, sont de longs conduits de bois où se déposent les matières lourdes, dont les autres, appelés *sasseurs*, consistent en caisses à fond mobile, percé de petits trous qui retiennent les *incuits*, la pâte est égouttée dans des tamis coniques. Elle ressemble désormais à du chiffon défilé et peut être employée telle quelle dans bien des papiers comme le journal, le bulle, les couleurs.

Pour les sortes plus fines la cellulose de sapin doit être blanchie ; une invention récente, très curieuse, due à M. Hermite, permet d'exécuter ce travail à l'électricité. On décompose, par un courant électrique, le chlorure de magnésium en magnésie et en chlore. Aussitôt libre, ce dernier blanchit énergiquement la pâte de bois avec laquelle il est en contact ; mais, par le fait même de cette opération, il se transforme en acide chlorhydrique, et, comme tel, s'unit de nouveau avec la magnésie pour reconstituer le chlorure de magnésium primitif. Cette suite de combinaisons chimiques, par lesquelles un produit coûteux renaît en quelque sorte de ses cendres, prêta rendre indéfiniment de nouveaux services, est d'un grand avantage, à la condition d'obtenir l'électricité à peu de frais.

En France, la dépense du charbon nécessaire pour actionner les dynamos dépassant l'économie réalisée sur le chlore, le procédé n'est guère en usage. Pour en tirer parti, MM. Darblay sont allés en Autriche, au cœur des forêts du Tyrol, fonder à 500 mètres d'altitude une usine qui brasse annuellement 50 000 stères des sapins dont cette contrée, où ils pullulent, ne savait plus que faire, depuis que la métallurgie abandonne le bois pour le coke. Nos compatriotes ont trouvé là des forces gratuites, les chutes d'eau, qu'ils chargent de faire mouvoir des turbines de plus de 300 chevaux hydrauliques. Cet embrigadement des torrents n'est pas chose nouvelle en papeterie. La vallée du Grésivaudan où florit de vieille date, accrochée aux flancs des montagnes, une colonie industrielle qu'illustrèrent les Montgolfier, offre un échantillon superbe du joug imposé par l'homme à une nature rebelle. Ces gaves malfaisants et colères, habiles seulement à détruire, les manufacturiers dauphinois ont su leur donner des lois ; ils obligent les plus grands à payer tribut et leur font acheter la liberté au prix du travail. Sur l'autre versant des Alpes, en Italie, au pied du Mont-Rose, une fabrique qu'alimentent 300 hectares de peuplier plantés entre les rizières, livre à la consommation 80 000 kilos de pâte par jour. L'exemple le plus grandiose en ce genre, c'est celui d'une papeterie américaine, fondée il y a six ans, qui emprunte pour ses besoins 3 000 chevaux électriques, loués annuellement 40 francs chacun, à la chute du Niagara, dont la puissance est aujourd'hui, comme on sait, mise en actions et vendue au détail.

Section IV

Aussi bien nous sommes prêts pour une nouvelle évolution mécanique que les gens du prochain siècle verront s'accomplir. Ce siècle-ci a remplacé, autant qu'il l'a pu, l'ouvrier par la machine, c'est-à-dire par le charbon, puisque la plupart de nos usines n'ont pas à leur disposition, comme celles de l'Isère, la fonte des neiges, « la houille blanche », et qu'elles marchent à la vapeur : Essonnes par exemple, qui a besoin d'une force de 10 000 chevaux, n'en tire pas plus de 75 du courant de la rivière qui la traverse. Elle obtient le reste avec des appareils de 1 000 chevaux chacun, à côté desquels on a l'illusion d'être sur le pont d'un paquebot en marche, tellement on se sent noyé dans le vent que projettent leurs volants de 10 mètres ; tandis que l'énergie réglée de leurs articulations géantes fait trembler le sol sous vos pieds.

Quoique l'on ait réalisé, dans la production de la vapeur à bon marché, des progrès dont témoignent ici une batterie de 13 chaudières, avec réchauffeurs et récupérateurs de chaleur perdue, le charbon à son tour semble maintenant trop cher. Il devra céder la place à un travailleur moins exigeant. L'usine où nous sommes en dévore un bateau par jour, quelque chose comme 75 000 tonnes par an, une dépense de 1 500 000 francs sans doute. Les améliorations introduites ont réduit la consommation de houille à 272 grammes pour la force motrice, à 350 grammes pour le séchage, par kilo de papier fabriqué sur les machines dont je parlerai tout à l'heure. Mais, avant d'arriver à ce dernier terme de la fabrication, le bois, pour être amené à l'état de pâte, absorbe beaucoup plus de combustible ; si bien que 100 kilos de papier à journal représentent près de 280 kilos de charbon de terre et seulement 220 kilos de sapin et de produits chimiques de toute nature.

Le plus important de ces produits est la colle. Elle se prépare dans une chaudière couverte, où l'on fait fondre soit de la colophane d'Amérique, soit de la résine de Bayonne, avec du carbonate de soude. Le savon que l'on obtient ainsi, semblable à une crème au café, est filtré puis additionné d'alun. Il forme alors un précipité qui, se mêlant intimement aux fibres de la pâte, a pour effet de rendre le papier à peu près imperméable à l'encre. On ajoute en général de la fécule, destinée à former empois et à retenir plus facilement dans le papier le kaolin ou « le blanc fixe », qu'on y met pour corriger la transparence des qualités moyennes, d'une épaisseur insuffisante. Ces diverses substances, connues sous le nom de « charge » et dont il a été question plus haut, avaient aussi pour but naguère d'économiser un poids égal de chiffons qui coûtaient davantage.

Il demeure admis du reste, par le code de l'industrie papetière, « qu'à moins de conventions spéciales et expresses dans la commande, le fabricant est absolument libre de composer et de charger sa pâte comme il l'entend. » Le consommateur se préoccupe peu de savoir ce que contient un papier qui satisfait à ses exigences, dont la première, pour les emplois communs, consiste à payer le moins cher possible. C'est pourquoi la pâte de bois a tout envahi. Les Norvégiens, qui en fournissent les éléments, prétendent que sa qualité est aussi bonne que celle de n'importe quelle autre fibre végétale : « Le bois, dit Bjonness, n'est autre chose que du chiffon vierge. » Les détracteurs du papier de bois se plaignent au contraire qu'il soit raide au toucher et manque de souplesse, ce qui le rend sujet à craquer et à se rompre, qu'il contienne des taches noires ou brunes, disséminées à la surface, et aussi bon nombre de « bûches », — fibres en paquets mal désagrégées. — Les imprimeurs affirment qu'il n'est pas « amoureux », c'est-à-dire que l'encre, mal retenue par lui, ne sèche pas assez rapidement Personne n'est trompé cependant, puisque les gens du métier savent reconnaître la « pâte mécanique » à la seule inspection du papier et disposent, s'ils conservent quelque doute, de réactifs à peu près infaillibles pour en déceler la présence. Seulement l'introduction de cette pâte dans le dosage est précisément le seul moyen d'abaisser la valeur marchande au niveau souhaité par l'acheteur.

C'est une erreur assez répandue de croire qu'il ne se fabrique guère de beaux papiers ; il s'en fait autant et plus qu'il y a cent ans, mais il se fait en outre, par les procédés nouveaux, une masse de papiers communs, dont le bon marché seul a permis la création de vingt industries contemporaines. On trouve du papier depuis 15 francs les 100 kilos jusqu'à 15 francs le kilo. Le premier est celui des emballages ; il se compose de paille non blanchie. Le second est celui des billets de la Banque de France ; on le tire des chiffons de toile neuve et de la ramie. Celui-ci coûtait même le double, — 30 francs le kilo, — lorsque la Banque s'adressait à l'industrie privée. Mais, depuis 1878 elle a fondé à Bierry (Seine-et-Marne), pour son usage exclusif, une usine où se fait la totalité de son papier fiduciaire. Cent vingt ouvriers et ouvrières y sont employés et fournissent annuellement 10 millions de coupures de 50 et 100 francs, et 1800 000 billets de mille et de 500 francs. Il y a dix ans tous ces billets étaient fabriqués à la cuve suivant les anciennes méthodes manuelles ; aujourd'hui, grâce à une machine inventée par lui, M. Dupont, directeur de cet établissement, confectionne mécaniquement les coupures de 100 et de 50 francs, soit plus des quatre cinquièmes de l'ensemble. Le coût de la main-d'œuvre est ainsi *douze fois moindre* et la qualité du papier est identique.

C'est aussi d'une usine française, de celle même où durant la Révolution se fabriquèrent les assignats, que sortirent jusqu'à ces dernières années les billets des banques nationales d'Italie, de Belgique, de Roumanie, de Serbie et de Portugal. Une maison était affectée, dans cet établissement, au logement des commissaires chargés de surveiller les commandes de leurs Etats respectifs, et l'organisation était combinée en vue de présenter aux diverses banques le maximum de sécurité.

Si les bank-notes anglaises ne viennent pas de France, la famille qui depuis deux siècles les fabrique appartient, par son origine, à notre pays. Parmi les nombreux calvinistes réfugiés en Angleterre, l'un des plus distingués fut Henry de Portal. Pour échapper aux horreurs des dragonnades, son père, Louis de Portai, quittant avec les siens le château de la Portalerie, avait cherché un asile dans les Cévennes. Le père, la mère et l'un des fils furent surpris et massacrés par les soldats, qui incendièrent la maison où ces malheureux s'abritaient. Quatre autres enfants, cachés dans un four hors de l'habitation, furent sauvés. Ils réussirent à s'échapper et passèrent en Angleterre, où l'un d'eux, quelques années plus tard, fonda dans le Hampshire, à Laverstoke, une usine à papier. Entouré des meilleurs ouvriers français, il sut donner à ses produits un tel degré de perfection que la Banque d'Angleterre, dès sa création, le chargea de la fourniture des bank-notes, dont ses descendants ont, jusqu'à ce jour, conservé le monopole. Si les billets de banque anglais, les plus simples de tous en apparence, sont pourtant beaucoup plus difficiles à imiter que ceux d'autres pays où l'on a prodigué les ornements fastueux, c'est que leur principale sauvegarde réside dans le papier. Le public ignore tous les pièges tendus au contrefacteur dans cette seule matière première, soit par l'irrégularité voulue du contour, après que la coupeuse à guillotine a séparé les billets fabriqués deux à deux, soit par certaines diversités d'épaisseurs savamment calculées, qui se remarquent en un coin de chaque feuille. Le nombre des billets qui sortent annuellement de l'usine de MM. Portai est d'environ 14 millions, chiffre supérieur seulement d'un sixième aux billets de banque français. Quoique le précieux papier soit surveillé à Laverstoke avec autant de soin qu'un cheval favori de la course du Derby, un vol avec effraction fut commis un jour à la papeterie ; mais les malandrins qui s'étaient emparés d'un stock important furent très promptement pris et déportés.

En Russie le gouvernement se charge de fabriquer lui-même ses billets, dans une papeterie qui lui appartient et qui travaille aussi pour le public. Cet établissement occupe plus de 3 000 ouvriers et forme une véritable petite ville avec église, écoles et hôpital. Le papier des billets et des titres d'Etats est fait presque exclusivement avec du chanvre, dont le prix est de 88 francs les 100 kilos ; une faible quantité de chiffons y est ajoutée afin de rendre l'impression plus facile. Un bureau technique analyse et contrôle avec le microscope et la photographie la nature de tous les produits employés. Ses recherches portent spécialement sur les modifications à apporter aux dessins et aux couleurs des encres, pour rendre les contrefaçons de plus en plus difficiles, sinon impossibles.

Les Etats-Unis pratiquent un système mixte. Deux agents du gouvernement résident en permanence dans une papeterie exploitée par l'industrie privée, mais consacrée exclusivement aux bons du Trésor, billets de banques nationales et autres papiers-valeurs de l'Etat américain. Les chiffons employés sont des toiles neuves, de première qualité, avec un peu de rognures de calicot. Un procédé spécial, imaginé par l'un des chefs de la maison, incorpore à la pâte, d'une manière très régulière, des fibres de soie dont les diverses couleurs sont destinées à distinguer des catégories de billets.

Une qualité exigée, à l'étranger comme en France, de tous ces papiers-monnaie voués à une manipulation incessante, est de posséder sous le plus petit volume une solidité exceptionnelle. Avec l'apparence fluette ils doivent être tout nerfs et tout muscles. On mesure leur vigueur par ce qu'on nomme la « force de rupture. » Dire par exemple d'un papier qu'il possède une force de rupture de 2 000 mètres, cela signifie qu'il ne se rompra que sous une traction de 2 000 mètres de son propre poids. Un papier d'emballage est considéré comme suffisant s'il supporte un effort de 1500 à 1800 mètres ; pour les titres de rente, on arrive à des résistances de 7 000 et 8 000 mètres. Une bande de 10 centimètres de large et de 1 mètre de long, pesant 10 grammes, porte ainsi suspendus, sans se briser, jusqu'à 80 kilos.

Au même rang que ceux-ci figure le papier photographique, soumis à une préparation minutieuse au sel d'argent ou au gallate de fer. Une maison française, grâce à la perfection de ses méthodes, s'est créé un monopole de fait en Europe. Elle vend annuellement pour 2 millions et demi de francs de ce seul papier, tant aux photographes de profession qu'aux amateurs, dont le nombre d'ailleurs tend à diminuer depuis la vogue croissante de la bicyclette. La pédale absorbe, paraît-il, des loisirs qu'avait précédemment charmés l'objectif.

Autre variété délicate où nos fabricants excellent : le papier à cigarette. L'usine qui fournit la régie française possède aussi la clientèle des régies Ottomane, Espagnole, Portugaise, Roumaine, celle de la manufacture royale d'Italie et de la compagnie Laferme de Saint-Pétersbourg. Ses produits sont journellement contrefaits en Orient. Quoique le papier à cigarettes ait pris naissance à Paris, en 1824, dans une usine exploitée aujourd'hui par les petits-fils du fondateur, M. Abadie, cette industrie paraît avoir surtout prospéré dans le midi de la France. C'est de la Haute-Garonne, de l'Ariège, des Pyrénées-Orientales, que sortent ces myriades de petits cahiers destinés à être réduits en cendres. La combustibilité doit être en effet l'une des principales vertus de cet article. Une feuille de 1 mètre carré pèse au maximum 16 grammes, — on est descendu jusqu'à 11 grammes, mais il a été reconnu qu'au-dessous de 12 à 13 grammes, poids des meilleures marques, le papier n'a plus la tenue nécessaire, — une pareille feuille contient à peine un gramme de substances incombustibles. Ce papier doit aussi être imperméable au tabac un peu humide ; pour le rendre tel, on y introduit des matières terreuses, mais en quantités infinitésimales. Comme l'indique le nom de quelques-uns, « papiers de riz », « papiers de maïs », il entre dans la pâte diverses farines mélangées à des chiffons de choix.

L'importance de cette branche de papeterie sera facilement appréciée lorsqu'on saura que tel fabricant emploie 800 ouvriers et livre à lui seul aux fumeurs des deux hémisphères près d'un million de kilos de papier par an, soit de quoi rouler plusieurs milliards de cigarettes. Quelques usines vendent le papier en bobines étroites, prêtes à passer sous les cisailles et les emporte-pièce ; d'autres façonnent elles-mêmes les produits sortis de leurs machines et les présentent au public en cahiers, sous leur aspect définitif.

Section V

Après ces catégories exceptionnelles viennent les sortes de luxe, à écrire ou à imprimer. Le consommateur qui veut se rendre compte des difficultés et des exigences de cette fabrication, n'a qu'à visiter à Rives, dans l'Isère, les usines de Blanchet et Kléber, fournisseurs des titres de la dette publique et des bons du Trésor, qui, par leurs traditions anciennes, leurs eaux très pures, sont passés maîtres dans l'industrie du beau papier. Cette maison, d'où sortent journellement des « chine », des vélins, des bristol, a procuré au marché français certaines spécialités qu'on ne pouvait autrefois trouver qu'à l'étranger. Le prix de revient est ici chose secondaire ; le principal souci est d'approcher le plus possible de la perfection. Et que d'efforts pour y parvenir, depuis le triage des chiffons, où chaque loque est examinée comme s'il s'agissait de blanchir une serviette de table, jusqu'aux piles d'une propreté de porcelaine, jusqu'aux machines d'où le papier sort lentement, solide et pur !

De semblables papiers valent en fabrique depuis 1 fr. 50 jusqu'à 3 francs le kilo. Ce dernier chiffre correspond, s'il s'agit de papier à lettres, à 3 fr. 50 ou 4 francs les 100 feuilles chez le marchand de détail. Comme ces 100 feuilles ne pèsent que 500 ou 600 grammes, on voit que la matière a presque doublé de prix depuis son départ de l'usine, jusqu'à son arrivée chez le particulier qui l'emploie à sa correspondance. Durant le trajet, elle a passé par deux ou trois mains. Le fabricant vend au « transformateur » qui, attentif aux variations de la mode, l'imagination en éveil pour tenter le public par des innovations attrayantes, découpe le papier en cahiers ou en enveloppes et le loge dans des boîtes multicolores Le transformateur à son tour vend au détaillant de quartier, ou au négociant de gros qui fournit les petites maisons de province.

Cette hiérarchie d'intermédiaires est menacée ici comme ailleurs. Plusieurs fabricants se préoccupent de livrer directement leurs produits à la consommation. A Clairefontaine, dans les Vosges, le papier passe d'une façon automatique à l'état d'enveloppe de lettre ; 31 machines à découper et à gommer, assistées de plioirs fonctionnant mécaniquement, fournissent 800 000 enveloppes par jour, soit 240 millions par an. D'autres usines assemblent elles-mêmes leurs feuilles en registres, carnets, agendas, copies de lettres, etc., et s'annexent à cet effet des ateliers multiples pour le foliotage, l'impression, la confection de la tranche, la garniture, l'endossure. Les papeteries coopératives d'Angoulême sont entrées largement dans cette voie ; elles ont eu pour alliés les magasins de nouveautés, certains grands bazars, et cette rencontre a eu pour résultat un sérieux abaissement des prix. Le rayon de papeterie du *Bon Marché*, qui fait un million d'affaires environ par an, a dû longtemps s'approvisionner en Angleterre. Depuis 1882, il n'achète plus outre-Manche qu'une dizaine de mille francs de marchandises. Ce n'est pas seulement le droit de douane de 30 centimes par kilo qui a fait délaisser les papiers anglais, c'est surtout l'adresse des fabriques françaises à perfectionner le type simili-britannique d'un papier à lettres courant, dont la ramette est aujourd'hui descendue à 0 fr. 65. Or le poids de ces ramettes est de 380 grammes, et le fabricant les vend sur la base de 125 francs les 100 kilos. La marge est donc ici sensiblement réduite entre les prix de gros et ceux de détail.

Le chiffre de 125 francs, pour des feuilles prêtes à accueillir l'encre de nos plumes, correspond à un chiffre naturellement inférieur pour le papier brut. Celui-ci ne saurait déjà plus se composer exclusivement de chiffons. A mesure que le prix baisse, il en contient de moins en moins. Un type semblable à celui sur lequel sont imprimées ces lignes, coûtant 70 francs le quintal, est le résultat d'un mélange d'alfa et de chiffons avec la pâte de bois chimique. Les cartes postales, fournies au gouvernement par la maison Didot, à raison de 52 francs le quintal, ont à peu près la même constitution ; le bois mécanique en est sévèrement proscrit. Les sortes pour éditions ordinaires descendent beaucoup plus bas. D'après les résultats de la dernière adjudication l'Imprimerie nationale, qui emploie deux catégories de papiers, paie la première 50 à 80 francs en pâtes de chiffons ou de matières textiles et filamenteuses ; la seconde, celle des pâtes de bois ou de matières minérales, lui coûte 36 à 45 francs les 100 kilos.

Parmi les frais de confection d'un livre, le papier n'entre que pour une somme insignifiante. Sur les 3 fr. 50 que l'on cote le volume du format in-18 le plus usité, le papier absorbe seulement 0 fr. 25. Pour les journaux, le prix est moindre encore : le *Petit Journal* ou le *Figaro* s'impriment sur du papier à 35 francs les 100 kilos ; c'est dire que le numéro du premier, pesant 24 grammes, revient aux quatre cinquièmes d'un centime, et que le numéro du second, pesant 36 grammes, représente un centime et quart. Dans les papiers de ce prix, où il ne peut entrer que du bois, l'art du fabricant consiste à marier avec sagacité les pâtes chimique et mécanique. L'une est la chaîne, l'autre la trame ; la cellulose sert de soutien et procure la solidité, mais elle est trop chère et trop dure, le bois pulvérisé au contraire donne du moelleux, de l'opacité, et permet d'abaisser le prix de vente. La plupart des feuilles quotidiennes à grand tirage contiennent un tiers de la première et deux tiers du second.

Les papiers communs ont ainsi profité à la fois de l'introduction d'éléments nouveaux et de l'usage de machines perfectionnées. S'il fallait les faire à la main comme jadis, et avec les mêmes matières, le numéro de journal coûterait deux sous, et le roman in-18 vaudrait 2 francs. La grande presse à cinq centimes et les éditions à bon marché reposent donc uniquement sur la baisse récente ; les sortes à 35 francs les 100 kilos, dont je viens de parler, se payaient 400 francs au lendemain de la guerre de 1870, 65 francs en 1880 et 44 francs en 1888. La diminution est moins saillante pour les articles de luxe ; elle est pourtant générale, depuis le papier de soie jusqu'au carton.

Section VI

Lorsque la pâte, convenablement dosée, n'attend plus que le dernier terme de sa métamorphose, elle est dirigée sur la machine dont l'inventeur fut un de nos compatriotes, et que les Anglais continuent à désigner sous le nom français de Fourdrinier. Au siècle précédent, où le papier se fabriquait exclusivement « à la cuve », on obtenait les feuilles une à une, en plongeant dans une auge pleine de pâte liquéfiée une sorte de tamis de laiton, appelé « forme », qu'on en retirait aussitôt. Tandis que l'eau s'écoulait, l'ouvrier, par un mouvement de va-et-vient, égalisait le dépôt fixé sur le grillage. Ce dépôt s'agglutinait, se « serrait », prenait tournure. Un autre ouvrier, le « coucheur », enlevait de dessus la forme ce tissu tout humide, bien délicat encore, et le posait sur un feutre. L'opération se poursuivait ainsi jusqu'à ce que l'on eût une pyramide de 800 feuilles ; on la portait sous une presse qui la dépouillait de son liquide, puis on enlevait les 800 feutres intercalés, et l'on recommençait, sous un second appareil, à exprimer l'eau qui restait encore dans le papier ; enfin on l'étendait, comme du linge, sur des cordes où il achevait de sécher.

Que l'on eût, par ce procédé, des produits supérieurs à ceux de nos jours, on l'a souvent prétendu. Des praticiens affirment que, pour le papier comme pour les étoffes, il n'est pas de mécanisme qui vaille la main de l'homme, que la force au dynamomètre d'un mouchoir en batiste de Courtrai, le dernier textile qui ait été fait à la main, est plus grande que celle du même tissu fabriqué à la machine, et qu'il en est de même de l'ancien papier, créé si laborieusement, en comparaison de cette large bande blanche qui s'échappe, en courant continu, d'entre nos rouleaux évaporateurs. Rien n'est plus simple, au reste, que d'obtenir du papier « à la cuve » : il suffit de le payer 5 francs le kilo.

Mais cette moindre durée de nos papiers modernes, fût-elle vraie, est-elle bien regrettable ? A quoi servirait aux périodiques de pouvoir défier les siècles, puisqu'ils n'ont d'autre ambition que de vivre un jour ? C'est une espérance ou une vanité naturelle à tous les auteurs de croire que leurs idées et leurs travaux seront pieusement conservés par les générations lointaines ; en fait, les livres continuent à vieillir et à passer très vite ; le nombre des gens qui lisent et des gens qui écrivent s'est prodigieusement développé, mais leur accroissement même contribue à abréger leur existence, parce que ceux d'aujourd'hui chassent ceux d'hier. D'une époque à l'autre, la science progresse, les préoccupations changent, et la pensée humaine, en ce qu'elle a d'éternel et d'immanent, s'habille autrement pour courir le monde suivant les caprices du goût. Dès lors, pourquoi empêcher le papier noirci de retourner au pilon pendant que l'homme retourne à la terre ? Quelques douzaines d'ouvrages deviennent centenaires ; une poignée seulement subsistent davantage. Peut-être y aurait-il profit à imprimer ceux-là sur des chiffons d'un mérite exceptionnel ; mais les contemporains ne savent jamais quels sont ceux dont la constitution sera assez robuste pour traverser les âges. Le scrutin secret, dans lequel votent un à un les esprits supérieurs qui font la renommée définitive, ne se dépouille que fort tard. Pourquoi s'inquiéter d'ailleurs de cette élite ? Elle n'a rien à craindre de la fragilité de nos pâtes de bois. Tant qu'une œuvre a des lecteurs, elle trouve des éditeurs pour l'offrir au public. Je ne parle que du papier à livres, parce que personne sans doute n'a intérêt à ce que les papiers de tenture ou d'emballage soient immortels. Au temps des papiers à la cuve, lorsque le texte des livres se démodait plus vite que leur substance ne s'usait, on tuait les in-folio embarrassants qui refusaient de mourir. Au temps des parchemins, où cette substance était inusable, on voyait des manuscrits splendides se vendre pour rien, parce qu'après un siècle de vogue ils n'intéressaient plus personne. Ils servaient dès lors à des usages vils, ou bien on les effaçait, on expropriait ces copies dédaignées de leur demeure pour y loger de nouvelles venues. Le papier à bas prix ne sera pas plus fâcheux que le barbare palimpseste.

Une machine à papier, chargée de faire automatiquement le travail compliqué de la main-d'œuvre ancienne, comprend divers organes dont le but est de retirer par l'égouttage, la pression et l'évaporation, les 3 kilos de papier contenus dans les 100 kilos de liquide qui lui arrivent par les *épurateurs*. Après avoir suivi des labyrinthes de conduits en bois, dont le fond est garni de lamelles en saillie où s'accrochent et s'arrêtent les impuretés échappées aux triages précédents, la pâte aqueuse traverse une caisse percée de fentes très fines, par lesquelles il lui faut passer. Elle arrive sur la « table de fabrication » en quantité strictement limitée par le *réglard*, dont le rôle est de n'admettre que ce qu'il faut par seconde pour l'épaisseur du papier à fabriquer. Trempez à ce moment le doigt dans la pâte, vous croyez ne toucher que de l'eau.

Ce qu'on appelle « table de fabrication » est une toile métallique sans fin, dont les mailles ont un dixième de millimètre d'écartement, qui tourne lentement sur deux gros rouleaux éloignés de huit mètres l'un de l'autre, et est en outre animée d'une oscillation transversale dont le but est de bien répartir la pâte comme faisait l'ouvrier papetier avec son tamis. Deux bordures mobiles en caoutchouc déterminent, à droite et à gauche, le format du papier. L'eau commence à filtrer à travers les mailles et la pâte à « se cailler » ; il lui faudrait parcourir un long espace sans parvenir à l'état solide si, vers le milieu de son trajet sur la toile, elle n'était soumise à l'action d'une pompe qui, par-dessous, aspire et avale le liquide avec une énergie telle, qu'instantanément desséchée, cette mince couche de blanc peut désormais s'appeler une feuille de papier. Il est vrai qu'elle se soutient à peine ; c'est à ce moment qu'elle reçoit l'empreinte des filigranes. Ceux-ci ne sont-ils qu'une marque de fabrique ? on les fait simplement en fils de cuivre tressés dans la trame métallique du rouleau. Ont-ils pour objet de préserver de la contrefaçon les papiers fiduciaires ? le modèle est d'abord exécuté en relief, à la cire, par un graveur, et reproduit en creux par le moulage au plâtre. La galvanoplastie tire de ce moulage une matrice et une contre-matrice, avec lesquelles on enfonce à même la toile métallique le dessin qui s'incarnera dans le papier.

Après avoir reçu cette empreinte, la feuille s'engage entre deux gros rouleaux de feutre qui constituent la « presse humide », et compriment la pâte avec une puissance de 20 000 kilos. Elle glisse de là entre un jeu de rouleaux secs, en fonte, les « presses coucheuses » ; s'engage sous la « presse montante », qui tourne en sens opposé pour éviter que le papier ne prenne de l' « envers » ; et en sort, contenant encore moitié de son poids d'eau, mais cependant à l'état de papier fini, que l'on pourrait faire sécher à l'air. Le besoin du bon marché exige des procédés plus rapides ; aussi la feuille continue-t-elle sa route sinueuse, contournant vingt-deux cylindres creux, intérieurement chauffés à la vapeur, de sorte que le premier soit simplement tiède, tandis que la température du dernier dépasse 100 degrés. Appliqué sur les parois brûlantes du métal, le papier est dépouillé de toute humidité lorsqu'il s'enroule sur l'*envidoir*, axe de fer mû par un engrenage à friction, qui tend fortement la nappe sans fin et l'empêche de se plisser.

Les transformations de la pâte par cet ensemble de mécanismes, qui compte mille organes variés, n'ont pas demandé plus de quelques secondes ; surtout s'il s'agit de papier mince, avec lequel, l'évaporation étant très rapide, on peut accélérer le mouvement. Pour le papier-journal, on marche à la vitesse de 70 mètres par minute. Une heure suffit pour obtenir ces énormes rouleaux dont la longueur atteint jusqu'à 5 000 mètres, que les presses rotatives de Marinoni se chargeront de noircir. L'opération s'accomplit toute seule. Un unique ouvrier y assiste, accoudé contre un bâti ; il se penche parfois sur un cylindre, examine le papier, serre un écrou, verse un peu d'huile, puis rentre dans son immobilité, type expressif du travail moderne.

De pareilles machines produisent 12 000 kilos par vingt-quatre heures, — on en a construit qui atteignent 18 000 kilos ; — leur grandeur, leur vitesse, tendent à augmenter sans cesse ; chaque quinzaine les gazettes spéciales enregistrent des tentatives nouvelles de perfectionnement. Le matériel est donc sujet à se modifier constamment. Depuis vingt-cinq ans, dans les grandes papeteries, il a été renouvelé en totalité, jusqu'à la plus minime parcelle. Le lecteur se rappelle peut-être que nous avons constaté le même fait en métallurgie. Le stock de marchandises offertes s'accroît pareillement. Lorsque les appareils primitifs rendaient 400 kilos par jour, les fabricants acceptaient des commandes de 100 kilos. Aujourd'hui la tonne devient l'unité, et les ordres de 60 à 80 tonnes d'une même sorte ne sont pas rares. Les usines, dans ces conditions, ont avantage à se spécialiser.

C'est pour avoir deviné cette orientation de leur industrie que les Montgolfier, à la Haye-Descartes, avec le papier écolier, les Outhenin-Chalandre, à Besançon, avec l'alfa, pour publications illustrées, les Darblay, à Essonnes, avec le papier-journal, sont arrivés à des fabrications de 4 000, 6500 et 35 000 tonnes par an. Si l'usine d'Essonnes est la plus vieille de France, ses propriétaires actuels sont relativement jeunes dans une profession où l'on compte nombre de dynasties pouvant prouver plusieurs siècles de papeterie héréditaire. Il n'y a pas trente ans que M. Darblay est fabricant de papier, et il l'est devenu par hasard. La société qui exploitait Essonnes en 1867 ayant fait, sous une direction médiocre, d'assez mauvaises affaires, l'usine fut mise en vente. MM. Darblay, ses voisins, absorbés par leurs moulins de Corbeil dont ils avaient rendu la marque célèbre, n'avaient aucune intention de changer d'industrie. Mais, créanciers pour une forte somme de la fabrique de papier, ils avaient intérêt à ce qu'elle ne se vendît pas à vil prix et crurent devoir, à cette fin, pousser eux-mêmes les enchères. A leur grand désappointement l'usine leur fut adjugée pour un million. Ils s'en chargèrent, et cette race puissante des Darblay se trouva ainsi associée, par la farine et le papier, à deux des révolutions de ce siècle : le pain blanc et le journal pour tous.

C'est en effet pour les journaux que roulent près de moitié de ces vingt machines, qui font d'Essonnes un établissement hors de pair dans la France et dans le monde ; à eux sont destinés la majeure partie de ces 100 000 kilos de papier qui sortent d'ici chaque jour. Journaux de toutes nuances, pour salons ou mansardes, pour mains calleuses ou mains gantées, journaux de tous pays aussi, — l'Amérique du Sud est un gros client de l'usine, — ces feuilles désormais indifférentes ou hostiles, après avoir poussé dans les mêmes forêts, ont eu les mêmes cuves pour berceau de leur nouvelle existence.

Section VII

Depuis un demi-siècle, sur la surface du globe, la production du papier a décuplé. Elle était de 221 millions de kilos en 1850 ; elle est de 2 milliards 260 millions de kilos aujourd'hui. Notre fabrication nationale s'est accrue dans la même mesure : de 40 000 tonnes au début du second Empire, à 137 000 en 1867, à 350 000 tonnes en 1894. Cependant l'industrie papetière souffre dans la plupart des pays d'Europe ; elle souffre précisément, à l'entendre, de cette abondance même. C'est que, dans l'intervalle, le prix du papier est tombé au tiers de ce qu'il était, tandis que les salaires ouvriers ont doublé, et que la transformation du matériel impose sans cesse de nouveaux débours. Comme les frais fixes jouent, dans cette fabrication transformée, un rôle considérable, on marche, pour les amortir, 24 heures par jour et 365 jours par an, du moins sur le continent.

C'est, pour beaucoup d'ouvriers, le revers de la médaille ; leur vie est coupée en tranches de douze heures, de l'adolescence à la vieillesse, sans un jour pour la famille, pour la récréation, pour mettre des vêtements qui ne soient pas des vêtements de travail. C'est aussi le revers de la médaille pour le fabricant, que l'excès des marchandises accable et que la crainte d'arrêter ses machines conduit à accepter des commandes à perte. Voilà ce que disent les papetiers, — et ils sont nombreux, — qui attribuent leur malaise à la surproduction. Pour y remédier par une limitation conventionnelle, un congrès international s'est réuni l'automne dernier à Anvers. Beaucoup de fabricants français y prirent part, le plus important déclina l'invitation : « En pareille matière, dit-il avec scepticisme, je ne crois qu'aux ententes que l'on fait à un. » L'événement lui donna raison. Parmi les congressistes, unanimes à déclarer qu'il fallait se restreindre, aucun ne put indiquer comment on y parviendrait. Tous craignirent d'être dupes. Quelle sanction garantissait les engagements pris ? La mesure, excellente et irréalisable, valait la formule classique des petits oiseaux, aisément capturés par qui sait leur mettre un grain de sel sur la queue.

N'est-ce pas d'ailleurs un anachronisme que chercher le salut dans une entrave factice à la production, lorsque la pente de l'industrie contemporaine est au contraire d'atteindre son profit particulier par le développement de créations utiles à tous. Produire sans trêve, jeter dans la circulation des marchandises de plus en plus abondantes, dont l'abondance fait le bon marché et qui pénètrent ainsi dans des couches humaines où elles étaient naguère inconnues, telle semble être la loi bienfaisante à laquelle nul ne peut se soustraire. Loi bienfaisante pour la masse des petites gens ; loi désastreuse pour l'élite bourgeoise des capitalistes.

Le mal de la papeterie est nécessaire à son existence ; ou plutôt ce n'est pas la papeterie qui est malade, ce sont seulement les papetiers. Les bas prix dont ils gémissent, ils les proposent eux-mêmes. Dans une adjudication récente pour le ministère des Postes, on voit les chiffres des soumissionnaires se faire concurrence à quelques centaines de francs d'intervalle. Le prix rémunérateur pour un doit être suffisant pour tous ; car les conditions économiques des diverses usines se compensent. Les unes, voisines de Paris, où se centralisent la moitié peut-être des papiers français, auront de moindres frais de transport, mais les salaires y seront plus élevés. D'autres, plus éloignées des villes, jouissent d'une force motrice gratuite ou d'un combustible moins coûteux. Le secret de la crise c'est que la papeterie exige maintenant des capitaux considérables, pour appareils et fonds de roulement. Il y faut des approvisionnements énormes de matières premières, et l'argent se renouvelle lentement, les clients payant à de longues échéances. Les débouchés étrangers deviennent rares, en raison du progrès universel qui pousse chaque nation à s'alimenter elle-même et à s'efforcer de vendre à toutes les autres. Par suite, la maison la plus florissante fait à peine un chiffre d'affaires égal à la moitié de sa valeur. Cependant il est impossible d'arriver au succès sans employer la plus grande partie de ses bénéfices à l'accroissement du capital.

Faute de l'avoir fait à temps, beaucoup de papeteries ont végété, et, lorsqu'elles se sont aperçues de leur erreur, il était trop tard. Obligées d'emprunter au taux commercial, leur gain s'est réduit à néant ; souvent un passif redoutable s'est appesanti sur elles et peu à peu les a dévorées. Chaque année voit ainsi disparaître de l'annuaire des fabriques qui, au milieu de ce siècle, étaient prospères, des descendants de générations papetières, nés dans l'aisance, dont l'usine est désormais inerte, ou passée aux mains des banquiers dont elle est débitrice, et qui ne savent qu'en faire. Le *Bulletin de la Chambre syndicale* publiait un jour le martyrologe de ces victimes d'une formidable révolution industrielle : on en cite partout, en Normandie et en Auvergne, en Franche-Comté et en Périgord, dans le papier-goudron comme dans le papier mousseline. Plusieurs de ces vaincus avaient été les artisans ou les précurseurs du mouvement qui les a emportés ; ils ont laissé dans nos produits actuels leur bourse et aussi leur vie, un peu de leur âme. Qui donc toutefois songerait à plaindre ces patrons, tombés avec courage dans la lutte, en ce temps où le patron est, par profession, un être si mal vu ?

Section VII

Ceux-là mêmes qui réussissent et inspirent l'envie, ne tirent qu'un intérêt modeste des sommes effectivement engagées : si les papeteries du Marais, par exemple, pour ne parler que de sociétés dont le bilan est accessible à tous, distribuent 100 francs de dividende pour des actions émises à 1 000 francs, cela ne signifie pas que l'entreprise rapporte 10 pour 100 ; parce que les débours successifs depuis la fondation, en 1828, ont beaucoup plus que doublé les 1 800 000 francs souscrits à l'origine. Tout ce qu'ont pu faire depuis plusieurs années les papeteries coopératives d'Angoulême, dirigées avec talent par M. Laroche-Joubert, a été de gratifier d'un revenu de 5 pour 100 une valeur industrielle de 4 millions et demi. Des observations analogues se pourraient faire partout. Partout même aspect : petites manufactures qui s'effacent, organismes plus puissants qui surnagent, mais à la condition de multiplier leurs risques en multipliant leur puissance. La marge des gains, comparée au total des ventes, demeure si mince que l'oubli d'un instant suffit à les faire évanouir. L'aléa devient si grand, la tension d'esprit si forte, que les fondateurs de machines pareilles, ou du moins leurs héritiers, sont incités par prudence à passer la main à une collectivité. Ainsi les entreprises grandissent par la force des choses, et par la force des choses se morcellent et se transforment en administrations impersonnelles, heureuses si elles peuvent servir au capital la portion congrue qu'il espère.

Car l' « odieux capital » n'attend pas que ses adversaires lui fassent un mauvais parti ; de lui-même il se mortifie et fait pénitence, pressé d'un côté par la masse des consommateurs, c'est-à-dire par l'abaissement des prix de vente, de l'autre par les salaires ouvriers, c'est-à-dire par l'augmentation des prix de revient.

S'il veut subsister entre ces forces contraires, il n'a d'autre ressource que de perfectionner son outillage afin de réduire encore les frais de main-d'œuvre. Le public qui croirait, après avoir lu les lignes qui précèdent, qu'un nouvel effort est impossible, les fabricants qui seraient tentés de se décourager, feront bien de méditer le rapport de l'un des plus notables d'entre eux, M. Blanchet, commissaire français à l'Exposition de Chicago, sur les papiers américains. Ils y verront qu'en remplaçant l'intervention manuelle, dans le travail, par toutes les combinaisons mécaniques imaginables ; qu'en supprimant tout transport à bras d'hommes ; en multipliant les rails, les ascenseurs, les câbles, les moteurs, les industriels des Etats-Unis sont arrivés, par la réduction du personnel ; à ce résultat extraordinaire de payer les ouvriers *trois fois plus cher que nous*, et de vendre le papier au même prix que nous, quoique les matières premières aient une valeur semblable en France et en Amérique, et que les produits fabriqués au-delà de l'Atlantique ne le cèdent à aucun égard aux nôtres. Quels que soient les progrès réalisés sur notre sol par l'industrie du papier, ce rapprochement suffit à montrer qu'elle n'a pas le droit de se reposer encore.

Section VII

ISBN : 978-1979678919